はじめに

このノートは、筆者が素数[*1]についてあちこちで聞きかじったものの中で、とりあえず理解できたような気がするものを簡潔にまとめたものだ。ただし、素数を探索するアルゴリズムについては専門の同人誌 [1] が出たので載せていない。個人的なことを書くならば、筆者が興味あるのは「素数を作る式」である。それが分かれば、双子素数についての予想や、リーマン予想やゴールドバッハの予想など、数々の整数論についての未解決問題が芋づる式に解決するような気がしてならない。そこでこのノートは、基本的な知識の羅列のあと、素数を作る式への取り組みを二つに分類して整理することにした。一つはオイラーの式からマチアセビッチの式に至るもの、もう一つは整数論界の本流であるリーマン予想についてである。これら二つはどちらもオイラーを祖とするもので、相互に絡み合っているのだが、複雑すぎて分類しないと理解できないため、便宜的に分けたものである。

なお最初に断っておくならば、本稿には証明はほとんど書かない。数論の証明は泥臭いものが多く、誌面を使う割に読み飛ばされるからだ。そして素数についての研究が、歴代の数学者（と数学オタク）たちによって異様なくらい深くなされていて、ここに書いたものはほんのイントロでしかないこともお詫びしておかないといけない。実際、新しいことは全く書かれない。素数と聞いて「落ち着く」ことしか思い出さない人には役立つかもしれないが、歴戦の素数オタにとっては既知のことばかりで、「素人が軽々しく書きやがって」と怒りに震えるかもしれない。その時はこのノートは遠慮なく投げ捨ててくれればいい[*2]。あと、本稿に「フェルマーの最終定理」は出てこない。

1 基本的な知識

1.1 素数の定義

素数とは、「2 以上の自然数で、正の約数が 1 と自分自身のみである自然数のこと」をいう[*3]。2, 3, 5, 7, 11, 13 · · · と続く [2]。すべての自然数は、素因数分解により、素数のべき乗の積で一意に書ける。なお本ノートで記号 p が出てきたらそれは素数を表す。

素数の重要な有用性は様々にあるが、素数が自然数を一意に分解する[*4]ということか

[*1] なお、このノートでいう「素数」というのは恵比寿にある会社 (http://www.sosu.jp/) のことではない。あくまで数学的な素数のことだ。

[*2] しかし日本においては、整数論がやたら人気な割には、心躍る本が少ないように思う。その理由の一つとして、簡潔にまとめた知識集が足りないことがあると思い、これを書いた。

[*3] 素数以外を合成数と呼ぶが、数個の素数の積で表される合成数は「概素数」と呼ばれることもある。n 個の素数で表される概素数の集合についての研究もある。

[*4] 「一意に分解」というのは、素因数の順序を無視することを意味する。例えば 12 なら $2^2 \cdot 3$ という分解パターンしかない。

ら、素数を空間の基底（軸）と見なすことができる点は重要だ。例えば、自然数 n を、$n = p_1^{m_1} p_2^{m_2} p_3^{m_3} \cdots$ と展開し、両辺の対数をとると、$\log n$ は基底 $\log p_i$ を使った線形結合で書ける。つまり自然の集合を（無限次元ではあるが）幾何学的に表現できる。

$$\log n = \sum_i m_i \log p_i$$

別の基底の取り方は、素数進数である。p を一つ定め、そのベキで軸を作っていく。p を決めると自然数は必ず 0 以上 $p-1$ 以下の自然数からなる有限列 $a_0, a_1, \cdots a_n$ を用いて $a_0 + a_1 p + a_2 p^2 + \cdots + a_n p^n$ と書ける。どちらにせよ、自然数にまつわる様々な定理を空間の上に表現すれば、図形として理解できるし、点同士をつないで連続にして微分したりすることもできる。別に発展してきた幾何学や解析学につなげられればとても幅が広がるだろう。

1.2 素数についての有名な定理

以下は基本的であり、有名である。

- 素数は無限個ある[*5]
  このことは古代ギリシャ時代には知られていた。証明は簡単なので書いておく。

  > 素数が n 個しかないと仮定し、i 番目の素数を p_i とする。$q = p_1 p_2 \cdots p_n + 1$ は有限個の素数の積に 1 を足したものなので自然数であり、すなわち合成数または素数のどちらかである。q が素数だとすると、最大の素数 p_n よりも大きい素数ということになり、矛盾する。q が合成数だとすると、q を素因数としてもつ p_i で割れば余りが 0 にならなければいけないが、q の定義から余りは常に 1 になるので矛盾する。

- 5 以上の素数は、$6m+1$ または $6m-1$ の形である
  ほぼ自明。5 以上の任意の自然数は、$6m, 6m \pm 1, 6m \pm 2, 6m+3$ のどれかの形になるが、$6m \pm 1$ 以外はすべて 6, 2, 3 のどれかで割れる。ただし逆は成り立たない[*6]。

- ディリクレの算術級数定理 [3]：a, b が互いに素であるとき、$an + b$（n は自然数）の形で表される素数が無限個存在する
  証明は難しいので略。互いに素な自然数の組は無数にあり、それぞれについて無数の素数が含まれるので、この定理は素数を一次式では分類できないことを意味する。なお二次以上の整数係数多項式では無限個の素数を得られるのだろうか？ これはブニャコフスキー予想といわれ未解決である[*7]。

[*5] 素数が無限にあるということは、自然数の空間は無限個の軸で表される空間だということだ。

[*6] 「逆が成り立たない」というが、どんな場合に成り立たないのか。つまり、$6m+1$ または $6m-1$ の形でかける合成数はどんな形かという疑問への答えを筆者は知らない。

[*7] 数学事典第 4 版「素数の分布」項 E[4] では、そうしたものが見つかっていないと書かれてい

- ベルトラン＝チェビシェフの定理：素数 p の次の素数は $2p$ 以下である
  ベルトランが予想してチェビシェフが証明した。現在では背理法を使った簡単な証明もある。実際には素数定理（後述）から、隣り合う素数の平均距離は $\log p$ 程度である。
- フェルマーの小定理：素数 p に対して、a と p が互いに素であるなら、$a^{p-1} \equiv 1 \pmod{p}$
  帰納法を使う証明はさほど難しくない。

$a=1$ のとき明らかに $a^p \equiv 1$。一般に $(x+1)^p$ を展開すると $x^p + 1 + \sum_{k=1}^{p-1} {}_p\mathrm{C}_k x^k$ になるが二項係数の分子がどれも p の倍数になっていることから $\sum$ の部分が消えて、$(x+1)^p \equiv x^p + 1 \pmod{p}$ となる。なので、もし $a^p \equiv a \pmod{p}$ なら $(a+1)^p \equiv (a+1) \pmod{p}$ となる。ゆえに帰納法からすべての a について $a^p \equiv a \pmod{p}$。a, p は互いに素だから両辺を a で割れば $a^{p-1} \equiv 1 \pmod{p}$。

- ウィルソンの定理：素数 p に対して $(p-1)! \equiv -1 \pmod{p}$ が成り立つ
  証明したのはラグランジュである。証明はフェルマーの小定理を使うもので長いので割愛。この定理は現代でも様々に使われ、例えば後述するマチアセビッチの式もこれを使って導出されている。mod が分かりにくい場合は次のように書けば分かりやすい。

$$\frac{(p-1)!+1}{p} = n$$

右辺 n はウィルソン商といわれ、1, 1, 5, 103, 329891, 36846277, 1230752346353, · · · と続く [5]。特に n が p の倍数になってるような p をウィルソン素数といって 5, 13, 563 のみ知られているが、他にあるかどうかは不明。
- アイゼンシュタインの定理（簡略版）：多項式 $\sum_{i=0}^{n} a_i x^i$ に対して、素数 p があり、a_n 以外の a_i が p の倍数で a_0 が p^2 の倍数ではないとき、この多項式は因数分解できない
  因数分解できないことを証明するときに使う常套手段である。

るが、証明されているわけではない。

2 素数を作る式について －素朴な考え方
2.1 ウラム螺旋

ウラム[*8]の螺旋とは、自然数を順番に渦巻き状に並べ、素数である部分を黒く塗りつぶしてできる図のことである。ウラムはつまらない会議の最中に偶然見つけたようだ。正方形状に並べると無数の直線が見えてくるので、どうも素数の並び方には何かの規則がありそうだと考えられる。左の図は1億までの自然数を対象に素数だけに黒点を打ってみたものだ。縦横に直線が見える。渦巻き状の図形における直線は二次関数に対応するので、これを計算機で求めてやることができる。二次関数の係数を適当に決めて数値を出し、それが素数かどうかをひたすら調べることで、どのような係数が素数を作りやすいかを調べるのである。以下は1億までの素数約576万個について、$an^2 + bn + c$ が素数であった個数 N である[*9]。

N	a	b	c	N	a	b	c	N	a	b	c
4149	1	9	61	3300	1	9	−149	3213	2	4	−197
4149	1	7	53	3300	1	7	−157	3213	2	0	−199
4149	1	5	47	3300	1	5	−163	3213	2	−8	−191
4149	1	3	43	3300	1	3	−167	3213	2	−4	−197
4149	1	1	41	3300	1	1	−169	3127	1	9	121
4149	1	−9	61	3300	1	−9	−149	3127	1	7	113
4149	1	−7	53	3300	1	−7	−157	3127	1	5	107
4149	1	−5	47	3300	1	−5	−163	3127	1	3	103
4149	1	−3	43	3300	1	−3	−167	3127	1	1	101
4149	1	−1	41	3300	1	−1	−169	3127	1	−9	121
3440	1	9	−89	3240	1	9	127	3127	1	−7	113
3440	1	7	−97	3240	1	7	119	3127	1	−5	107
3440	1	5	−103	3240	1	5	113	3127	1	−3	103
3440	1	3	−107	3240	1	3	109	3127	1	−1	101
3440	1	1	−109	3240	1	1	107	3059	1	9	−53
3440	1	−9	−89	3240	1	−9	127	3059	1	7	−61
3440	1	−7	−97	3240	1	−7	119	3059	1	5	−67
3440	1	−5	−103	3240	1	−5	113	3059	1	3	−71
3440	1	−3	−107	3240	1	−3	109	3059	1	1	−73
3440	1	−1	−109	3213	2	8	−191	3059	1	−9	−53
								3059	1	−7	−61

[*8] スタニスワフ・マルチン・ウラムという。水爆とモンテカルロ法を作った人。もう死んだ。
[*9] $1 \leq a \leq 10,\ -10 \leq b \leq 10,\ -200 \leq c \leq 200$ で探索し、多いものだけ載せた。
$N(a,\ b,\ c) = N(a,\ -b,\ c)$ が成り立つように見えるが自明ではない。

現代の計算機で探せば簡単だが、実は大昔にその一部を指摘した人がいた。それは上から5段目の式 n^2+n+41 でありオイラーの公式と呼ばれる。オイラーという人は計算オタクであった。彼は手当たり次第に何でも計算した。そして素数についていくつもの式を見つけた。その最も簡単なものが n^2+n+41 である。この式の n に 0 から順に式を入れていくと素数が出てくるのだ。$n \leq 39$ までこの式はすべて素数を作り、1000万以下の n に対してだいたい 47% くらいの割合で素数を作るという。驚異的である。実は n^2+n+c が $0 \leq n \leq c-2$ を満たす n に対して、全て素数となるような c はオイラーの幸運数と呼ばれ、$c = 2, 3, 5, 11, 17, 41$ しか存在しないことが知られている[*10]。

もちろんこうした二次関数では作れない素数もたくさんある。そこで素数列の中に色々なもっと単純な素数列が埋もれていて、素数列というのはその合成なのではないかという仮説が生まれる。そして様々なタイプの素数があることが分かってきた。

- メルセンヌ素数：$2^n - 1$ の形をした素数。メルセンヌ素数は無数に存在するかどうかは未解決問題。
- フェルマー素数：$2^{2^n}+1$ の形をした素数。フェルマー素数は無数に存在するかどうかは未解決問題。フェルマー数 F_n が素数であるための必要十分条件は、$3^{(F_n-1)/2} \equiv -1 (\mod F_n)$ となること。
- ピアポント素数：$2^u 3^v + 1$ という形をした素数[*11]。2023年時点で見つかっている最大のものは $3^4 \cdot 2^{2}0498148 + 1$ (6,170,560桁) である。無限に存在すると考えられているが未解決。
- $n!+1$ 型
  $n = 1, 2, 3, 11, 27, 37, 41, 73, 77, 116, 154, \cdots$ で素数になる。
- $n!-1$ 型
  $n = 3, 4, 6, 7, 12, 14, 30, 32, 33, 38, 94, 166, \cdots$ で素数になる。
- ソフィー・ジェルマン素数、安全素数
  n と $2n+1$ がともに素数のとき、n をソフィー・ジェルマン素数、$2n+1$ を安全素数という。ソフィー・ジェルマン素数が無数に存在するかどうかは未解決問題。
- 双子素数
  差が 2 である二つの素数。双子素数は無数に存在するかどうかは未解決問題。ただし双子素数の逆数和は収束し、その値はおよそ 1.902160583104 に近い（Brun の定

[*10] ということは、n^2+n+c という形で素数をすべて出すのは無理だということだ。それでは他の形ではどうか、ということになるのだが、実は整数係数の多項式で素数を表すことはできず、有理数係数の多項式 $f(x)$ と $g(x)$ の比 $f(x)/g(x)$ で素数を表すこともできないことが証明されている。証明自体はそれほど難しくはない。

[*11] $2^u 3^v - 1$ は第2種ピアポント素数という。

数[*12])。ちなみに差が4である素数は「いとこ素数」といい、差が6である素数は「セクシー素数」という名前がついている。数学者のネーミングセンスは謎である。

- $4n+1$ の形の素数

  二つの平方数の和で表せる素数は2と $4n+1$ の形のものに限る(フェルマーの二平方和定理)

この流れは一連の未解決問題を生んだ。「ある性質を持つ素数が無限に存在するかどうか」というもので、メルセンヌ素数やフェルマー素数が無限にあるかどうかなどは有名である。その亜種には「フィボナッチ数列の項には素数が無数に出現するか」、とか「n^2+1 の形の素数は無数に存在するか」とか、「全ての n に対し、n^2 と $(n+1)^2$ の間に素数が存在するか」などという問題もある。アルティンという人は、a を -1 でも平方数でもない整数としたときに a が $\mathrm{mod}\ p$ で原始根[*13]となる素数 p が無数にあるという予想を出した。マニアックなところではシンツェル仮説(予想)というものがあり、素数がちょうど23個含まれるような「連続する100個の整数」が無限にあるという。これらは証明されていない予想だが、Green と Tao という人は、素数の列の中には、いくらでも長い等差数列が含まれている、ということを証明した [6]。Tao はフィールズ賞を取った。

残っている未解決問題のなかで、とりわけ難物だとされているのが、双子素数が無限にあるかどうかである[*14]。この問題は、ゴールドバッハの予想(「2よりも大きな偶数は二つの素数の和として表され、5より大きな奇数は三つの素数の和で表される」)という未解決問題と対になっている。奇数のほうについては現在ほぼ解決しているが、偶数については証明されていない。この予想は計算機で検証する限り反例はない(例えば、$4=2+2$, $6=3+3$, $8=5+3$, $20=3+17$, $100=83+17$ といった具合である)。ゴールドバッハの予想が解ければ双子素数の問題も解けるし、双子素数の問題が解ければゴールドバッハの予想も解けるという膠着状態にある。

2.2 マチアセビッチ (Matijasevic) の式

とはいえ、結果的に、素数列を分解してパターンごとに調べようという試みは、現時点で素数全体について論じることはできていない。ただし旧ソ連のマチアセビッチが、いきなり出した「素数を作る式」というものが存在する。彼は以下の19変数多項式 f が $f>0$ を満たすとき、f が素数であり、またどのよ

[*12] http://oeis.org/A065421

[*13] $\mathrm{mod}\ p$ のもとで $p-1$ 乗してはじめて1になる数のこと。

[*14] この問題はギリシャ時代からの難問だとかいわれるが、時代については少し疑問だ。素数定理のように分布を話題にし始めたのが18世紀末のガウスやルジャンドル、ディリクレによる算術級数定理の証明が1837年。Wikipedia[7] などを見ると、一般的な形でこの問題を提出したのは A. de Polignac (1849) だそうである。

うな素数 p に対しても $p = f(a,b,c,d,e,g,h,i,j,k,m,n,p,q,r,s,t,u,z)$ となる $a,b,c,d,e,g,h,i,j,k,m,n,p,q,r,s,t,u,z$ が存在することを証明した [8]。

$$f(a,b,c,d,e,g,h,i,j,k,m,n,p,q,r,s,t,u,z) =$$
$$(k+1)\Big[1 - \left(X^2 - (a^2-1)Y^2 - 1\right)^2$$
$$- \left(b^2 - (a^2-1)C^2 - 1\right)^2 - \left(D^2 - (F^2-1)E^2 - 1\right)^2$$
$$- \left(G^2 - (a^2-1)H^2 - 1\right)^2$$
$$- \left(g^2 - ((2k+2)^2-1)((2k+1)n)^2 - 1\right)^2$$
$$- \left(m^2 - ((I+2)^2-1)((I+1)a)^2 - 1\right)^2$$
$$- \left(zG - V - z(a-z)H - (q-1)(2az - z^2 - 1)\right)^2\Big]$$

$$\begin{cases} V = (ku+u-1)(i+j)+i \\ W = Vh+i+j \\ H = k+(t-1)(a-1) \\ G = z+(a-n-1)H+(s-1)(2a(n+1)-(n+1)^2-1) \\ Y = n+H+p \\ X = W+(a-z-1)Y+(r-1)(2a(z+1)-(z+1)^2-1) \\ C = 2cY^2 \\ D = X+bd \\ E = n+2(e-1)Y \\ F = a+b^2(b^2-a) \\ I = n+V+W+z \end{cases}$$

この式はすべての素数を算出することが証明されているが、素数は重複し出現し、順番もでたらめである。なので、この式から他の未解決問題が芋づる式に解かれるということは無かったが、驚異的な式なので、ここで簡単な導出を書いておく。

まず、ペルの方程式の特別な場合として、$x^2 - (a^2-1)y^2 = 1$ （$a \geq 2$ の自然数) を考える。この式は自然数解をもち、小さい方から n 番目の自然数解を $x_n(a), y_n(a)$ とすると、$x_n + \sqrt{a^2-1}y_n = \left(a + \sqrt{a^2-1}\right)^n$ である。この式に対して、次の「マチアセビッチの定理」が成り立つ。

自然数 y が $y = y_n(a)$ であるとは、以下の式を満たす自然数 b, c, d, e, g, x が存在することである。

1. $x^2 - (a^2 - 1)y^2 = 1$
2. $b^2 - (a^2 - 1)C^2 = 1$
3. $D^2 - (F^2 - 1)E^2 = 1$
4. $y \geq n$
5. $C = 2cy^2$
6. $D = x + bd$
7. $E = n + 2(e - 1)y$
8. $F = a + b^2(b^2 - a)$

さらに三つの補題を用意する。

- 補題 1：$z^2 - ((x+2)^2 - 1)(x+1)^2 y^2 = 1$ のとき、$x^x < y$ が成り立つ
- 補題 2：$z^n < a,\ w < a$ のとき、$w = z^n$ であることは、$x_n(a) = w + (a-z)y_n(a) + (i-1)(2az - z^2 - 1)$ となる自然数 i が存在することと同じ。
- 補題 3：$(2k)^{2k} < n,\ z = (n+1)^k$ のとき、

$$k! < \frac{z^{k+1}}{Rem((z+1)^n, z^{k+1})} < k! + 1$$

（ $Rem(n,\ k)$ は $1 + {}_nC_1 z + \cdots + {}_nC_k z^k$ を意味する）

これらを使って以下のような道筋で証明する。

1. 式の形から次の 7 つの式が成り立つ。

   ▶ $X^2 - (a^2 - 1)Y^2 = 1$
   ▶ $b^2 - (a^2 - 1)C^2 = 1$
   ▶ $D^2 - (F^2 - 1)E^2 = 1$
   ▶ $G^2 - (a^2 - 1)H^2 = 1$
   ▶ $g^2 - ((2k+2)^2 - 1)((2k+1)n)^2 = 1$
   ▶ $m^2 - ((I+2)^2 - 1)((I+1)a)^2 = 1$
   ▶ $zG = V + z(a-z)H + (q-1)(2az - z^2 - 1)$

2. マチアセビッチの定理の 4 より、$Y = y_n(a)$ となる n がある。$x_n^2 - (a^2 - 1)y_n^2 = 1$ より x_n も求まる。同様に、$G^2 - (a^2 - 1)H^2 = 1$ より、$G = x_k(a), H = y_k(a)$ となる k が存在する。

3. 補題 1 より、$z^2 - ((x+2)^2 - 1)(x+1)^2 y^2 = 1$ のとき、$m = ((x+2)^2 - 1)(x+1)^2$ と考えることで、$x^x < y$ が言える。マチアセビッチの定理の 5, 6 より、n, a は十分大となる。

4. 補題 2 と $X = W + (a-z-1)Y + (r-1)(2a(z+1) - (z+1)^2 - 1)$ より、$W = (z+1)^n$。$G = x_k(a), H = y_k(a)$ と $G = z + (a-n-1)H + (s-1)(2a(n+1) - (n+1)^2 - 1)$ より、$z = (n+1)^k$。さらに、$zG = V + z(a-z)H + (q-1)(2az - z^2 - 1)$ より、すぐ前の G と比較して、$V = zV', V' = z^k$。ゆえに $V = z^{k+1}$ が言える。

5. ここで補題 3 を使う。$z = (n+1)^k$, $W = (z+1)^n$, $V = z^{k+1}$ より、

$$k! < \frac{V}{Rem(W, V)}$$

ここで、$W = Vh + i + j$ より、$Rem = i + j$。ゆえに、

$$k! < \frac{V}{i+j} < k! + 1$$

$V = (ku + u - 1)(i + j) + i$ より、

$$k! < ku + u - 1 + \frac{i}{i+j} < k! + 1$$

つまり、$k! = ku + u - 1$。移項して $k! + 1 = u(k+1)$。ここでウィルソンの定理より、$k+1$ は素数となる。

---

3 素数を作る式について －リーマン予想とその周辺
3.1 オイラー積

もう一つの流れは、整数論の世界の本流であるが、これも計算オタクのオイラーに始まる。彼は素数について計算しまくった結果、次のような式[*15]が成り立つことを発見した。これをオイラー積という。あとで図を出すが $x > 1$ で有限の値をとる。

$$\zeta(x) = \sum_{n=1}^{\infty} \frac{1}{n^x} = \prod_{p} \frac{1}{1 - \frac{1}{p^x}}$$

この式は大事なので、どうして成り立つのか少し書いておこう[*16]。まず、

$$\zeta(x) = \frac{1}{1^x} + \frac{1}{2^x} + \frac{1}{3^x} + \cdots$$

の両辺に最小の素数 2 の $-x$ 乗をかけて、$\zeta(x)$ から引く。

$$\frac{1}{2^x}\zeta(x) = \frac{1}{2^x} + \frac{1}{4^x} + \frac{1}{6^x} + \cdots$$

だから、

$$\left(1 - \frac{1}{2^x}\right)\zeta(x) = \frac{1}{1^x} + \frac{1}{3^x} + \frac{1}{5^x} + \cdots$$

[*15] この式の「$\prod$」は要素の積を表す記号である。例えば $\prod_{n=1}^{3} a_n$ なら $a_1 \cdot a_2 \cdot a_3$ のことだ。

[*16] よく見るとこの式は、エラトステネスの篩（ふるい）という方法を忠実に実行していることに気づく。篩の C++ 言語による実装は暗黒通信団刊「素数表 150000 個」[2] の巻頭に記載。

この時点で、右辺は分母の基数が 2 の倍数になっているものだけが消えている。次にこの式に、2 番目の素数 3 について同じく 3 の $-x$ 乗をかけて、$\zeta(x)$ から引く。すると右辺は分母の基数が 3 の倍数になっているものだけが消える。この時点で、

$$\left(1 - \frac{1}{2^x}\right)\left(1 - \frac{1}{3^x}\right)\zeta(x) = \frac{1}{1^x} + \frac{1}{5^x} + \frac{1}{7^x} + \cdots$$

となる。以下同じように、5^{-x}, $7^{-x}\cdots$ と素数の $-x$ 乗をかけて片々引けば、右辺には最初の項の $1/1^x = 1$ しか残らない。つまり、

$$\left(1 - \frac{1}{2^x}\right)\left(1 - \frac{1}{3^x}\right)\left(1 - \frac{1}{5^x}\right)\left(1 - \frac{1}{7^x}\right)\cdots\zeta(x) = 1$$

となる。これの逆数をとれば完成だ。

　この式は様々な研究の発端になった。例えば、素数が無限にあることは古代ギリシャ時代に知られていたが、素数の逆数和 ($\sum_p 1/p$) が発散することを、この式を使って明らかにしたのもオイラーである。計算機で 1 億 ($= 10^8$) までの素数逆数を足しても 3.17 程度であるから、何かに収束しそうな気もするが、実は発散する。現代ではエルディシュ[*17]による簡単な証明が与えられている。ちなみに有限の逆数和については、

$$\sum_{p \leq x} 1/p \sim \log\log x$$

という近似が成り立つ (メルテンス)。$\log\log 10^8 \sim 2.91$ なので、まぁまぁというところか。右辺と左辺の差は一定値に収束し、メルテンス定数と呼ばれる。

　他にもオイラー積を少し変形すると、定数に収束する式がいくつもある。以下にそれらを含めて素数積について有名な級数を列挙しておく。

- シャーとウィルソンの定数

$$\prod_{p \geq 3}(1 - (p-1)^{-2}) = 0.6601618\cdots$$

- アルティンの定数
  上の式の $p-1$ を一つ p に置き換えたもの。

$$\prod_p \left(1 - \frac{1}{p(p-1)}\right) = 0.3739558\cdots$$

この級数は、$1/p$ を 10 進数展開したときに循環節が $p-1$ になるような素数の割合を調べる過程で計算された。もしリーマン予想 (後述) が正しければ、その割合がアルティン定数程度になる。

[*17] ネットワーク論で有名なエルディシュ数の人。

- メルテンスの定理

$$\lim_{x \to \infty} \log x \prod_{p \leq x} (1 - 1/p) = e^{\gamma}$$

ここで γ はオイラー定数。

- 定理名不明[*18]

$$\prod_{p} \frac{p^2+1}{p^2-1} = 2.5$$

3.2 リーマン予想

オイラー積は x が偶数の時には、比較的簡単な値になる。

x	0	2	4	6	8	10	12	14
$\zeta(x)$	$-\dfrac{1}{2}$	$\dfrac{\pi^2}{6}$	$\dfrac{\pi^4}{90}$	$\dfrac{\pi^6}{945}$	$\dfrac{\pi^8}{9450}$	$\dfrac{\pi^{10}}{93555}$	$\dfrac{691\pi^{12}}{638512875}$	$\dfrac{2\pi^{14}}{18243225}$

$\zeta(2n) = a_n \pi^{2n}$ としたときの a_n の一般項は、

$$a_1 = 1/6, \quad a_n = \sum_{\ell=1}^{n-1} (-1)^{\ell-1} \frac{a_{n-\ell}}{(2\ell+1)!} + (-1)^{n+1} \frac{n}{(2n+1)!}$$

という漸化式で与えられる。偶数はそれでいいが、x が奇数の場合の値については、現代でさえほとんど何も分かってない。わずかに $x = 3, 5, 7$ が（もの凄い式によって）表現されているだけである。

ここでリーマンという人が登場する。彼は空間が曲がっているというリーマン幾何で有名だが、複素解析という分野の専門家でもあった。彼は自分が作った解析接続という方法を ζ 関数に使えば、$\zeta(x)$ の値を積分に置き換えて考えられるのではないかと思った。現代ではこうした発想の諸手法を解析的数論という。リーマンは、解析接続を使って x の値を複素数に拡張した。そして、そのゼロ点[*19]がどこにあるか調べた。以下は虚部を 0 としたときの $\zeta(x)$ の値である。右図は左図の左側を拡大して描いたものだ。

[*18] 出典：『なんだこの数は』[9]。
[*19] ゼロ点というのは、関数の値が 0 になるところだ。複素関数なら実部と虚部が両方とも 0 になる点のこと。次の節で書くように、ゼロ点の値が $\zeta(x)$ を求めるのに重要なのだ。

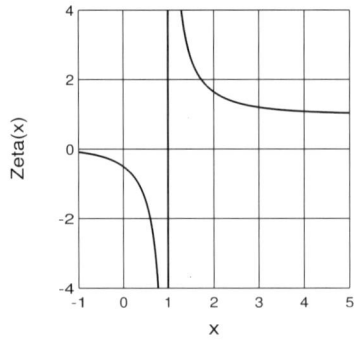
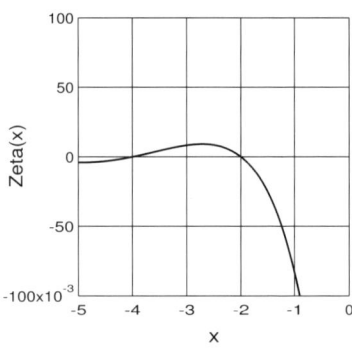

リーマンの $\zeta(x)$ は x を複素数としたとき、x が負の偶数[20]($x = -2, -4, \cdots$) および、実部が 0 から 1 の間の複素数点で 0 になる（上の図には含まれない）。前者は「自明なゼロ点」、後者は「非自明なゼロ点」と呼ばれ、「非自明なゼロ点の実部が 1/2 のみである」というのがリーマン予想である。これが整数論界最強の未解決問題であり、その文献は底知れなく存在する。ちなみに非自明なゼロ点の虚部は順に 14.135, 21.022, 25.011, 30.425, 32.935, 37.586, 40.919, 43.327, 48.005 $\cdots$ となっている[21]。過去に暗黒通信団は、最初の 14.135 $\cdots$ を 100 万桁計算した本 [10] を出したが計算はかなり重い。

リーマンの ζ 関数は様々な亜種が作られ、例えばセルバーグという人が作った ζ 関数（の亜種）[22]ではリーマン予想のような「非自明ゼロ点の実部が 1/2 上にある」が証明されている（セルバーグ）。

3.3 素数定理

一体いつになったら「素数を作る式になるんだ」と焦ることなかれ。この節で出てくる。

リーマン予想とは別に、「素数定理」というものがあった。素数定理というのは素数を与える式ではなく、「与えられた数以下の素数の個数を与える式」である[23]。それは「x 以下の素数の数 $\pi(x)$ は、$\pi(x) \sim x/\log x$ で近似できる」というものである。本来はもう

---

[20] 上右図参照。

[21] Mathematica にて For[a=1,a<10,a++,Print[N[Im[ZetaZero[a]],5]]] で出力。5 のところを 100 にすれば精度 100 桁で出せる。

[22] こんなの→ $\zeta_\Gamma(s) = \displaystyle\prod_{p \in Prim(\Gamma)} \prod_{k=0}^{\infty} (1 - N(p)^{-(k+s)})$

[23] ガウスという数学者が 15 歳の頃に思いついたらしいが、証明はプーサンとアダマールという人が 19 世紀の終わりに与えた。

少し精度が良い以下の積分で定義されている[*24]。

$$\pi(x) \sim \operatorname{Li}(x) = \int_2^x \frac{dt}{\log t} = \frac{x}{\log x} + \frac{1!x}{\log^2 x} + \cdots + \frac{(k-1)!x}{\log^k x} + \cdots$$

さて、リーマンの偉大な業績は素数の個数 $\pi(x)$ を近似ではなくて、以下に示すような精密な等式（素数公式）にしたことである[*25]。

$$\pi(x) = \sum_{1 \leq n \leq \log_2 x} \frac{\mu(n)}{n} \left(\operatorname{Li}(x^{\frac{1}{n}}) - \sum_\rho \operatorname{Li}(x^{\frac{\rho}{n}}) + \int_{x^{\frac{1}{n}}}^\infty \frac{1}{t(t^2-1)\log t} dt - \log 2 \right)$$

ここで、$\mu(n)$ はメビウス関数[*26]、ρ は $\zeta(x)$ の非自明なゼロ点の虚部の絶対値である。素数公式はリーマン予想には関係なく成り立ち、素数のところでジャンプする階段関数となる。だから、素数公式を微分して、値が 0 でないところが素数の位置である。なんと素数の位置がビシッと分かってしまうのだ。問題は、この公式を使って素数を求めようとするとカッコ内第二項の ρ、つまり $\zeta(x)$ の非自明ゼロ点の一般解が求まっていないと使い物にならない点だ。ところがその実軸が 1/2 にあること（リーマン予想）さえ、お手上げの難物である。ただしこの式は高性能で、素数公式のカッコの第一項めまでだけを切り取ったもの、つまり、

$$R(x) = \sum_{1 \leq n \leq \log_2 x} \frac{\mu(n)}{n} \operatorname{Li}(x^{\frac{1}{n}})$$

を「リーマンの素数計数関数」（下図）というのだが、これだけでも結構素数の位置を近似できている。

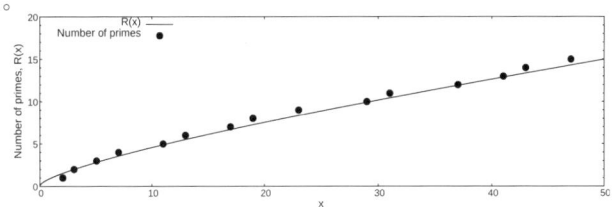

[*24] なおこの、$\operatorname{Li}(x)$ は対数積分関数といわれていて、x が小さいところでは $\pi(x) < \operatorname{Li}(x)$ なのだが、x が大きくなるにつれて無限回大小関係が入れ替わる (リトルウッド) ことが知られている。こうして符号が（大小関係が）どうなっているかというのも素数研究の一大ジャンルで、例えばポリア予想などは有名だ。自然数 n を $p_1^{n_1} \cdot p_2^{n_2} \cdot p_3^{n_3} \cdots$ と展開したとき $n_1 + n_2 + \cdots$ は奇数になりやすいというものだ。これ自体は否定されてしまったが、奇数と偶数を無限に繰り返すのかどうかについては未解決である。

[*25] リーマンの整数論におけるほとんど唯一の論文「与えられた限界以下の素数の個数について」[11]。理解についてはこれの日本語訳を見るのが最も簡単だと思う。https://soar-ir.repo.nii.ac.jp/record/15855/files/Riemann_jp.pdf にある。

[*26] -1, 0, 1 の三つの値をとる関数。ある自然数 n が 1 以外の平方数で割り切れるなら 0、素因数分解したとき出てくる素数の種類が偶数個なら 1、奇数なら -1 である。

3.4 非自明ゼロ点の分布

要するに、ζ関数の非自明なゼロ点の位置が一般的に分かってれば素数を作る式が作れることになる。リーマン予想が正しければ、その実部は常に 1/2 なのだから、計算はとても楽になる。そして計算機で調べる限り、その実部は常に 1/2 である。

ならばリーマン予想は正しいものだとして、あとはゼロ点の虚部の位置をつくる公式は作れないか、と考える。ところがこれもかなりの難物だ[*27]。ただ、それでも何か統計的なことが言えそうだと、19 世紀の数学者ヒルベルトが気づいた[*28]。彼は「非自明ゼロ点の間隔はランダムエルミート演算子の固有値間隔に似てるに違いない」という謎の予言を残して世を去った。これを実際に確かめたのはオドリズコという人である。非自明ゼロ点列の差分列をつくり、そのヒストグラムをとるのだ。下の図は筆者が実際にゼロ点差分列をもとに作ったヒストグラムとそのフィッティングである[*29]。

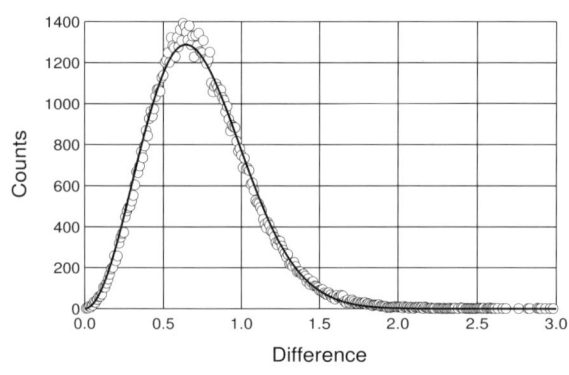

彼はこの分布曲線が $x^2 \exp(-ax^2)$ に乗ることを確かめた[*30]。これは 2 次のウィグナー分布 (あるいはマクスウェル分布) といわれている統計分布であり、実は、各要素の値が正規分布からとったランダム値であるような無限行無限列のエルミート行列[*31]の固有値間隔の分布に等しいことが知られている。要するに、非自明ゼロ点の分布

[*27] ちなみに、実部が 1/2 の上の ζ 関数の値を音楽にして聞くと UFO が発進してるように聞こえる。Mathematica では `Export["zetazero.wav", Play[Re[Zeta[1/2 + 1000I*t]], {t, 0, 1000}]]` というコマンドで Windows 用の音声ファイルが作れる。

[*28] 数学界の何でも屋。かのマチアセビッチの式もヒルベルトが新世紀 (20 世紀) 記念に出した問題に起因した研究である。

[*29] 非自明ゼロ点 10 万個使用。Bin サイズは 0.01。ゼロ点の分布は実軸から離れて行くとだんだん縮まってゆくので詳細な解析をするには規格化すべきである。

[*30] 今回の図は $8340.96 x^2 \exp(-2.381 x^2)$ で描いた。

[*31] エルミート行列とは、量子力学的な量を表す行列で、転置をとって要素の虚部を負にした行列が元の行列の逆行列になり、かつ m 行 n 列の要素の虚部を負にすると n 行 m 列の要素になっているような正方行列である。式で書いた方が簡単なので式アレルギーでない人は Wikipedia でも見よう。

は量子力学に出てくるような量に関係するのだ、ということが明らかになったわけだ。量子力学というのは掛け算の順番で値が変わるような数学（非可換という）を使う世界である。

　少し勇み足で書けば「非自明ゼロ点」の裏には特殊な行列があり、それはどうも決定論カオスを生成するような行列ではないか、ということである。そこで現在、数学者と物理学者は、この行列がどんな行列であるかを必死に探している。ゼロ点の固有値を生成する行列が分かれば、それを使って素数列を作る素数公式を実用化できるじゃないか、と考えているわけである。

参考文献

[1] 茗荷さくら著, 素数判定法と暗号, 暗黒通信団, 2018. http://id.ndl.go.jp/bib/029373944

[2] 真実のみを記述する会著, 素数表 150000 個, 暗黒通信団, 2011. http://id.ndl.go.jp/bib/000011248511

[3] P. Dirichlet and G. Dirichlet, "Proof of the theorem that every unbounded arithmetic progression, whose first term and common difference are integers without common factors, contains infinitely many prime numbers," Abh. Koniglichen Preuss. Akad. Wiss Berl., vol.48, pp.45–71, 1837.

[4] 日本数学会編, 岩波数学辞典, 第 4 版, 岩波書店, 2007. http://id.ndl.go.jp/bib/000008505767

[5] "The on-line encyclopedia of integer sequences". https://oeis.org/

[6] B. Green and T. Tao, "The primes contain arbitrarily long arithmetic progressions," Annals of mathematics, pp.481–547, 2008.

[7] Wikipedian, "Wikipedia". https://ja.wikipedia.org/

[8] M. Davis, "Hilbert's tenth problem is unsolvable," The American Mathematical Monthly, vol.80, no.3, pp.233–269, 1973.

[9] F. ル・リヨネ著, 滝沢清訳, 何だこの数は?, 東京図書, 1989. http://id.ndl.go.jp/bib/000001996744

[10] TokusiN 著, リーマンゼータ関数の最初の非自明なゼロ点 1,000,000 桁表, 暗黒通信団, 2017. http://id.ndl.go.jp/bib/028716201

[11] B. Riemann, "On the number of prime numbers less than a given quantity (ueber die anzahl der primzahlen unter einer gegebenen grösse)," Monatsberichte der Berliner Akademie, pp.–, 1859.

素数のまとめノート

2013 年 8 月 11 日 初版発行
2018 年 1 月 1 日 若干改訂版発行
2023 年 8 月 13 日 改訂版発行

著 者	シ (し)
発行者	星野 香奈 (ほしの かな)
発行所	同人集合 暗黒通信団 (https://ankokudan.org/d/) 〒277-8691 千葉県柏局私書箱 54 号 D 係
本 体	200 円 / ISBN978-4-87310-186-6 C0041

Σ∞ 内容ミスなどの指摘はビシバシお寄せ下さい。随時訂正します。

© Copyright 2013-2023 暗黒通信団　　　Printed in Japan